BEI GRIN MACHT SICH IHR WISSEN BEZAHLT

Ricardo Scherer

Selbstorganisiertes Lernen im offenen Mathematikunterricht

GRIN Verlag

Bibliografische Information der Deutschen Nationalbibliothek:

Die Deutsche Bibliothek verzeichnet diese Publikation in der Deutschen National-bibliografie; detaillierte bibliografische Daten sind im Internet über http://dnb.d-nb.de/ abrufbar.

Impressum:

Copyright © 2006 GRIN Verlag, Open Publishing GmbH
Druck und Bindung: Books on Demand GmbH, Norderstedt Germany
ISBN: 978-3-640-90959-9

Dieses Buch bei GRIN:

http://www.grin.com/de/e-book/171539/selbstorganisiertes-lernen-im-offenen-mathematikunterricht

GRIN - Your knowledge has value

Der GRIN Verlag publiziert seit 1998 wissenschaftliche Arbeiten von Studenten, Hochschullehrern und anderen Akademikern als eBook und gedrucktes Buch. Die Verlagswebsite www.grin.com ist die ideale Plattform zur Veröffentlichung von Hausarbeiten, Abschlussarbeiten, wissenschaftlichen Aufsätzen, Dissertationen und Fachbüchern.

Besuchen Sie uns im Internet:

http://www.grin.com/

http://www.facebook.com/grincom

http://www.twitter.com/grin_com

Selbstständiges Lernen im offenen Mathematikunterricht

von

Ricardo Scherer

Inhaltsverzeichnis

1. Einleitung

Der Bildungsgang Sozialhelfer/-in bietet eine zweijährige vollzeitschulische Ausbildung zum staatlich geprüften Sozialhelfer/-in, in die 16 Wochen Praktikum integriert sind. Zusätzlich ermöglicht er den Erwerb der Fachoberschulreife. Die Schülerinnen und Schüler, die diesen Bildungsgang besuchen, kommen von unterschiedlichen Schulformen, d.h. von der Sonderschule bis zum Gymnasium. Deutlich in der Überzahl sind aber Haupt- und Gesamtschülerinnen und Schüler. Die Heterogenität in den Lerngruppen ist dementsprechend groß. Besonders deutlich zeigen sich die Unterschiede in den Fächern Mathematik, Deutsch und Englisch, die gerade für den Erwerb der Fachoberschulreife eine bedeutende Rolle spielen. Überdies kommt erschwerend hinzu, dass die Schülerinnen und Schüler große Defizite in diesen Fächern aufweisen. Das belegt auch eine Studie über die Leistungsstände Berliner Schulabgänger[1] im Fach Mathematik. Laut dieser Studie befindet sich das untere Leistungsviertel der Jugendlichen auf dem Niveau der Primarstufe, das obere Leistungsviertel etwa zu Beginn der Klasse 8 Hauptschule. Diese empirischen Ergebnisse decken sich mit den Beobachtungen an unserem Berufskolleg.

Bereits das schlechte Abschneiden der deutschen Schülerinnen und Schüler bei den internationalen Leistungstests PISA und TIMSS machten diese Defizite deutlich. Für die Schulen und insbesondere für die Lehrer schließen sich nun viele Fragen an, z.B.: Was läuft falsch an unseren Schulen? Was können die Schulen und was können die Lehrer tun, um diese Defizite zu beheben? Wie fängt ein Berufskolleg diese Schüler auf, die mit so unterschiedlichen Voraussetzungen und so großen Defiziten beginnen? Wie kann man durch Förderung, trotz dieser Defizite, die Schülerinnen und Schüler zur Fachoberschulreife führen?

Die vorliegende Arbeit versucht, speziell im Fach Mathematik im Bildungsgang Sozialhelfer/-in am Berufskolleg, Antworten auf diese Fragen zu geben. Es wird ein Rahmenkonzept vorgeschlagen, das den Lernenden ermöglichen soll, durch ein differenziertes Lernangebot individuell gefördert zu werden. Dieses differenzierte Lernangebot ist integriert in eine offene Unterrichtsform, die darüber hinaus die Selbstständigkeit der Lernenden fördern soll. Der Begriff Selbstständigkeit steht hier synonym für die Begriffe Eigenverantwortlichkeit und Selbststeuerung, die in der Literatur in diesem Zusammenhang oft zu finden sind. Die Förderung der Selbstständigkeit zielt

---

[1] Badel, Steffi 2005: 225-229

nicht nur auf das Lernen in der Schule ab, sondern auch auf alltägliche Situationen im privaten oder beruflichen Bereich.

Selbstständigkeit ist gewissermaßen die Grundvoraussetzung für einen handlungskompetenten[2] und mündigen Menschen und stellt somit ein wesentliches allgemeines aber auch berufliches Bildungsziel dar. Selbstständigkeit und Eigenverantwortlichkeit sind daher auch Bestandteil des Bildungs- und Erziehungsauftrags der Schule und somit verankert im Schulgesetz §2 (4) 1. In der APO-BK §1 (1) findet man ebenfalls diese Bildungsziele, jedoch anders formuliert. Die Bildungsziele werden dort mithilfe von Kompetenzdefinitionen (Fach-, Selbst- und Sozialkompetenz) ausgedrückt und ausdifferenziert. Alle Teilkompetenzen zusammengefasst ergibt die Handlungskompetenz, die sich sowohl auf private als auch auf berufliche Kontexte bezieht.

In der vorliegenden Arbeit sind vorrangig zwei Lehrerfunktionen analysiert worden: das Unterrichten und das Erziehen. Unter der Lehrerfunktion Unterrichten wird die Rolle des Lehrers im offenen Unterricht betrachtet, d.h. was für Funktionen die Lehrperson auszufüllen hat. Unter diesen Aspekt fallen auch didaktische Überlegungen, die bei der Methodenauswahl ausschlaggebend waren. Außerdem wird die inhaltliche Ausgestaltung des Unterrichts beleuchtet. Das Erziehen im offenen Unterricht verläuft jedoch nicht explizit sondern implizit durch die Selbsttätigkeit der Lernenden. Eine dritte Lehrerfunktion fließt in diesem Zusammenhang immer wieder mit ein, und zwar das Beraten. Um z.B. Frustrationsbarrieren bei den Schülerinnen und Schülern zu überwinden, muss die Lehrperson immer wieder beratend den Lernenden zu Seite stehen. Darüber hinaus werden auch Möglichkeiten der Leistungsbewertung und Evaluation in Augenschein genommen.

Offener Unterricht ist nicht unumstritten und sicherlich auch nicht das Patentrezept für guten Unterricht. Daher ist es sinnvoll auch einige kritische Gesichtspunkte gegenüber offenem Unterricht zu betrachten. Offener Unterricht stellt ein hohes Maß an Anforderungen und Innovationsbereitschaft an das System Schule, das Lehrpersonal und die Lernenden.

---

[2] Handreichungen zur Erarbeitung von Rahmenlehrplänen der Kultusministerkonferenz (KMK) für den Berufsbezogenen Unterricht in der Berufsschule und ihre Abstimmung mit Ausbildungsordnungen des Bundes für anerkannte Ausbildungsberufe 2000: 9

2. Was bedeutet offener Unterricht?

Es würde den Umfang dieser Arbeit übersteigen die gesamte Bandbreite des offenen Unterrichts hier vorzustellen. Es sei hier lediglich auf einige Zeitschriften und Bücher verwiesen, die sich mit dem Thema des offenen Unterrichts befassen[3]. Eine genaue Definition findet man dort aber auch nicht. Es gibt jedoch einige Merkmale, die für den offenen Unterricht wesentlich sind: die Schülerbeteiligung, das entdeckende und selbstverantwortliche Lernen und die Beratung durch den Lehrenden.

Die Idee des offenen Unterrichts steht genau genommen im Widerspruch zu unserem bestehenden Schulsystem. Die curricularen Vorgaben lassen gegebenenfalls nur Teilöffnungen zu. Selbst- und Mitbestimmung der Lernenden an den Themen und Inhalten sind darin nicht vorgesehen. Auch die zuletzt in der Bildungspolitik entstanden Diskussionen über die Einführung einheitlicher Schulstandards wirken einer Öffnung des Unterrichts eher entgegen. Trotz all dieser schwierigen Rahmenbedingungen sollen hier Vorschläge und Möglichkeiten der Unterrichtsgestaltung aufgezeigt werden, so dass sich die Merkmale offenen Unterrichts dort wieder finden.

2.1 Bedeutsame Aspekte im offenen Mathematikunterricht

Die Öffnung kann sich auf unterschiedlichen Ebenen abspielen. Zum einen auf der methodischen und zum anderen auf der inhaltlichen Ebene. Methodisch gibt es einige Unterrichtsformen die Möglichkeiten einer Öffnung bieten, wie z.B. das Stationenlernen, das projektorientierte Lernen, die Freiarbeit und die Wochenplanarbeit. Diese Unterrichtsformen sind weitläufig bekannt und werden daher hier nicht näher erläutert. Inhaltlich lässt sich durch offene Aufgaben[4] die Selbstständigkeit der Schüler weiter entwickeln. Offene Aufgaben grenzen sich gegenüber geschlossenen Aufgaben dahin gehend ab, dass sie unterschiedliche Lösungswege und zum Teil auch unterschiedliche Lösungen zulassen. Die offenen Aufgaben sind Bestandteil eines problemlösenden Unterrichts. Im Abschnitt 4 werden einige Beispiele gegeben werden, wie diese methodischen und inhaltlichen Überlegungen in den Bildungsgang Sozialhelfer/-in integriert werden können.

---

[3] Bastian 1995: 6-11
  Gudjons 2003: 255-268
  Gudjons 2004: 6-9
  Meyer 2005: 420-424
[4] Leuders 2005: 163-197
  Büchter 2005: 88-102

2.1.1 Das Lernen aller durch Binnendifferenzierung ermöglichen

Ein wesentlicher Vorteil des offenen Unterrichts ist, dass er Binnendifferenzierung ermöglicht. Diese Differenzierung stellt eine sinnvolle Reaktion auf die unterschiedlichen Lernausganglagen der Schülerinnen und Schüler dar. In diesem Zusammenhang wäre z.b. Teilgruppenunterricht denkbar, in dem der Lehrende nur mit einer kleinen Gruppe von Lernenden arbeitet. Außerdem lassen die bereits oben genannten Unterrichtsformen (Stationenlernen, Wochenplanarbeit[5] usw.) einen unterschiedlichen Zugang zu den Inhalten und Themen zu. Hier können sich die Lernenden mit ihren individuellen Fähigkeiten selbstständig einbringen. Es ist überdies wichtig, unterschiedliche Eingangskanäle der Lernenden anzusprechen, um gezielt die individuellen Fähigkeiten der Lernenden zu berücksichtigen. Damit sind auch unterschiedliche Sinne gemeint. Das bezeichnet man dann als ganzheitliches Lernen.

2.1.2 Problemlösender Mathematikunterricht

Was hat problemlösender Mathematikunterricht mit offenem Unterricht zu tun? Ein Problem gibt einon Anlass zu divergentem Arbeiten, d.h. es gibt unterschiedliche Lösungswege und Lösungen. Außerdem lässt sich ein Problem so gestalten, dass es einen selbstdifferenzierenden Charakter besitzt, so dass alle Schülerinnen und Schüler einer Klasse mit ihren Vorkenntnissen und Fähigkeiten das Problem lösen können. Bei Büchter[6] finden sich Vorschläge und Anregungen, wie solche selbstdifferenzierenden Aufgaben gestaltet werden können.

Das Problemlösen ist eng verknüpft mit dem Betreiben von Mathematik. Überdies beinhaltet das Problemlösen einige wesentliche Vorzüge, z.B. füllt es den mathematischen Kontext mit Sinn und trägt somit eine Motivationswirkung in sich. Der Aspekt Motivation ist im Zusammenhang mit offenem Unterricht sehr wichtig und wird in Abschnitt 5 genauer beleuchtet.

2.1.3 Ganzheitliches Lernen durch offene Aufgaben

Der Unterschied zwischen einer Aufgabe und einem Problem besteht darin, dass eine Aufgabe üblicherweise nur eine Lösung besitzt und der Lösungsweg festgelegt ist. Hat man die Lösung gefunden, so ist die Aufgabe abgeschlossen. Da der Lösungsweg und die Lösung stark eingeschränkt sind, bezeichnet man diese auch als geschlossene Aufgaben. Probleme hingegen veranlassen zu kreativem Denken

---

[5] Wichmann 2002: 58-82
[6] Büchter 2005: 110-113

geschlossene Aufgaben. Probleme hingegen veranlassen zu kreativem Denken und machen übergreifende Zusammenhänge deutlich. Durch Öffnung einer geschlossenen Aufgabe, lässt sich eine Problemstellung gewinnen. Leuders[7] nennt einige Charakteristika solcher offener Aufgaben, so z.B. dass offene Aufgaben:

- mehrere Lösungswege zulassen müssen,
- zu divergentem statt konvergentem Arbeiten führen,
- zunächst eine Mathematisierung des Problems voraussetzen,
- „weiche mathematische Fähigkeiten" (z.b. messen, schätzen) verlangen,
- Kenntnisse aus mehreren mathematischen Bereichen erfordern.

Ideen, wie man offene aus geschlossenen Aufgaben gewinnen kann erhält man bei Büchter.[8] Er schlägt einige Techniken vor, z.b. durch weglassen von Angaben oder Informationen, durch Perspektivenumkehr oder Variationen der Ausgangssituation erhält man offene aus geschlossenen Aufgaben.

Büchter[9] klassifiziert mathematische Aufgaben nach folgendem Schema (s. Tabelle 1).

Tabelle 1

Start Situation Information	Weg Methode Verfahren	Ziel Ergebnis Lösung	Aufgabentyp
X	X	X	*Beispielaufgabe*
X	X		*geschlossene Aufgabe*
X	-	X	*Begründungsaufgabe*
X	-	-	*Problemaufgabe*
-	-	-	*Offene Situation*
-	X	X	*Umkehraufgabe*
-		X	*Problemumkehr*
-	X	-	*Anwendungssuche*

Die beiden ersten Situationen (weiß unterlegt) in Tabelle 1 stellen geschlossene Aufgaben dar. Bei einer geschlossenen Aufgabe ist nur der Endzustand (Lösung) unbekannt. Der Ausgangszustand (also die Frage) sowie der Weg sind vorgegeben. Die

---

[7] Leuders 2001:
[8] Büchter 2005: 102
[9] Büchter 2005: 93

9

unteren sechs Beispiele stellen offene Aufgaben dar. Er unterscheidet diese im Grad der Offenheit. Bei den offenen Aufgaben können der Ausgangszustand und der Weg unbekannt sein. Die drei dunkel schattierten Beispiele in der Mitte, bezeichnet Büchter als authentische Aufgaben, weil hier der Lösungsweg unbekannt ist. In einer realen Problemsituation ist der Lösungsweg zunächst auch unklar. Bei der offenen Situation müssen die Lernenden sich die Ausgangssituation bzw. Fragen aus den Angaben selbst entwickeln.

2.1.4 Vielfalt zeigen durch Modellieren

Beim Modellieren wird eine Verbindung zwischen der realen Situation und der Mathematik hergestellt. Das ist auf das Fach Mathematik bezogen ein wichtiges Lernziel. Ohne die Fähigkeit des Modellierens können komplexe reale Situationen oder Probleme nicht auf mathematische Lösungsmöglichkeiten reduziert werden. Vor dem Hintergrund des offenen Unterrichts ist es wichtig den Schülerinnen und Schülern transparent zu machen, dass die Modellierungsmöglichkeiten und somit die Lösungswege vielfältig sind.

2.1.5 Selbststeuerung fördern durch Metakognition

„Bei der Metakognition verlagern die Lernenden ihre Aufmerksamkeit vom Denken am und über den konkreten Lerninhalt auf das Denken über das eigene Denken und Lernen"[10].

Damit die Lernenden über ihr eigenes Denken und Lernen reflektieren können, müssen sie über metakognitive Fähigkeiten verfügen. Dubs[11] beschreibt vier wichtige metakognitive Fähigkeiten: Die Lernenden

1. erkennen welche Denkstrategien sie verwenden.

2. analysieren ihr Denken, um es zu verbessern.

3. sind fähig Teilaspekte ihres Denkprozesses hervor zu holen und zu beleuchten.

4. sind in der Lage ihre Denkprozesse zu evaluieren.

Um diese Fähigkeiten zu fördern, gibt es unterschiedliche Möglichkeiten. Was man dabei zunächst grundsätzlich vermeiden sollte, ist eine immer gleiche schematische Vorgehensweise, z.B. dass nach jeder Unterrichtsstunde ein Reflexionsbogen aus-

---

[10] Dubs 1995: 250
[11] Dubs 1995: 248

gefüllt wird. Dubs[12] schlägt einige methodische Möglichkeiten metakognitven Reflektierens vor, von denen hier drei hervorgehoben werden:

1. **Modellieren durch die Lehrkraft:** Die Lehrperson demonstriert durch lautes Denken, wie sie bei der Lösung der Aufgabe vorgehen würde.

2. **Scaffolding:** Die Lernenden besprechen ihre Denkpläne in einer Klassendiskussion. Der Lehrende trägt Anregungen dazu bei.

3. **Schriftliche Zusammenfassung:** Nach Abschluss der Lern- und Denkprozesse schreiben die Lernenden ihre metakognitiven Erkenntnisse individuell auf. Anschließend wertet die Lehrkraft die Niederschriften aus und gibt jedem einzelnen ein Feedback.

Vielmehr sollte die Lehrperson es von der Unterrichtssituation abhängig machen.

Die Schülerinnen und Schüler haben ein Lerntagebuch oder Portfolio zu führen, in dem sie am Ende jeder Doppelstunde einige Reflexionsfragen beantworten, um ihren Lernprozess zu dokumentieren. Dieses Lerntagebuch dient am Ende eins Unterrichtsvorhabens als Grundlage für die Bewertung der Eigenleistung.

2.2 Institutionelle Voraussetzungen und Rahmenbedingungen

Um einen offenen Unterricht in der Praxis umsetzen zu können, müssen Voraussetzungen von Seiten der Schule und auch des Lehrers gegeben sein. Offener Unterricht soll selbstständiges Lernen fördern. Dazu muss die Schule Unterrichtsmaterialien wie Fachbücher, Lexika, Arbeitsblätter etc. in jedem Klassenraum zur Verfügung stellen. Das bedeutet, dass jede Klasse eine eigene Freihandbibliothek besitzt. Des Weiteren sollten die Klassenräume medial gut ausgestattet sein, d.h. mit zwei Tafeln OHP, Computern mit Internetanschluss sowie Flipcharts.

Die räumliche Ausgestaltung spielt hier auch eine wichtige Rolle. Im Idealfall wäre jeder Raum in Zonen aufgeteilt sein, die wiederum durch einen Sichtschutz von einander getrennt sind. Dadurch ließen sich Ruhezonen schaffen, die bessere Bedingungen für individuelles aber auch kooperatives Lernen bieten. Solche räumlichen Veränderungen bedingen, dass alle Lehrer eines Bildungsgangs einen offenen Unterricht führen. Ist das nicht der Fall müsste die Schule einen Raum zur Verfügung stellen, den man wie oben beschrieben gestaltet. Im Anhang ist für Raum 058 im BK-Troisdorf ein Raumgestaltungsplan zu sehen.

---

[12] Dubs 1995: 250

2.3 Lehrerrolle im offenen Unterricht

Die Ansprüche an den Lehrenden sind bei einem offenen Unterricht höher als bei einem geschlossen Unterricht. Er sollte über gute organisatorische, methodische und soziale Fähigkeiten verfügen. Die meiste Arbeit liegt in der Vorbereitung. Der Lehrende muss eine Lernumgebung schaffen, die es den Schülerinnen und Schülern ermöglicht motiviert und selbstständig zu Lernen. Dazu geeignete Lernanlässe zu schaffen ist eine der schwierigsten Aufgaben.

Der Lehrende hat mehrere Aufgaben zu übernehmen. Zu Beginn hat er den Lernenden das Unterrichtsvorhaben transparent zu machen. Dabei sollte allen das Ziel klar sein. Diese Phase des Einstiegs ist wichtig, weil die Lernenden wesentlich motivierter arbeiten werden, wenn ihnen der Sinn und das Ziel des Unterrichts deutlich geworden sind. Im weiteren Verlauf, während der selbstständigen Arbeitsphasen, übernimmt der Lehrer die Funktion eines Beraters, Unterstützers, Helfers, Moderators und Beobachters. Hieran zeigt sich, dass die Lehrkraft die Schülerinnen und Schüler keineswegs sich selbst überlässt. Ganz im Gegenteil, gerade vor dem Hintergrund der Schwierigkeit einer gerechten individuellen Leistungsbewertung im offenen Unterricht, muss der Lehrende sehr aufmerksam alle Gruppen und alle Lernenden genau beobachten.

Diese Beobachtungsfunktion ist auch hinsichtlich der fachlichen Richtigkeit bedeutsam. Damit sich keine Fehler oder falschen Ergebnisse verbreiten, muss frühzeitig interveniert werden.

Gegenüber den Lernenden mit größerem Förderbedarf hat der Lehrende eine besondere Fürsorgepflicht. Einige Schülerinnen und Schüler werden mit der Situation überfordert sein selbstständig zu arbeiten. Schließlich sollen sie es ja auch erst lernen. Daran schließt sich die Frage: wie man Selbstständigkeit denn überhaupt lernen kann? In Abschnitt 6 wird dieser Frage nachgegangen.

2.4 Motivation der Lernenden

Dubs[13] unterscheidet zwischen einer extrinsischen und einer intrinsischen Motivation. Die extrinsische Motivation bezieht sich auf die Motivation durch den Lehrenden, z.B. in dem er belohnt, den Nutzen des Lerninhalts deutlich macht oder Wettbewerbe im Unterricht veranstaltet. Diese sind jedoch nur kurzfristig wirksam. Langfristig wirksa-

---

[13] Dubs 1995: 384-386

mer ist die intrinsische Motivation zu fördern, d.h. ein inneres Interesse am Lerngegenstand losgelöst von Belohnungen. Diese intrinsische Motivation lässt sich z.b. durch lebensnahe Lernsituationen herstellen oder einen kognitiven Konflikt (durch eine Problemsituation in der Mathematik). Variantenreiche Lern- und Lehrarrangements, wodurch die Lernenden eine neue Perspektive gegenüber dem Lerngegenstand einnehmen können tragen auch zur intrinsischen Motivation bei.

Wie das im Einzelnen aussehen kann bezogen auf den Bildungsgang Sozialhelfer/-in wird in Abschnitt 8 vorgestellt.

2.5 Bewerten und Benoten im offenen Unterricht

Die Frage nach der Bewertung und Benotung der Schülerleistung im offenen Unterricht ist die noch am umstrittensten. Das Ziel des offenen Unterrichts ist, Kompetenzen wie z.b. Selbstständigkeit, Eigenverantwortung, Kritikfähigkeit, Kommunikations-, Lern-, und Methodenfähigkeiten aufzubauen. Tests und Klassenarbeiten erscheinen da als Leistungsüberprüfung wenig sinnvoll. Die darin vergebenen Noten sind undifferenziert und sagen nichts über den Kompetenzerwerb der Schülerinnen und Schüler aus.

Bei Bohl[14] findet man eine Rahmenkonzeption für die Leistungsbewertung im offenen Unterricht. Einige wichtige Merkmale seien daraus hier hervorgehoben:

▪ Beteiligung der Lernenden an der Leistungsbewertung.

▪ Die Bewertung sollte prozessorientiert sein.

▪ Das Bewertungsschema muss den Lernenden verständlich sein.

Laut Bildungsgangbeschluss ist die Gewichtung der schriftlichen und sonstigen Leistungen auf jeweils 50 % festgelegt. Bezogen auf die Beteiligung der Lernenden an der Bewertung, könnte eine Note der sonstigen Leistungen zusammengesetzt werden aus einer Eigenbewertung, einer Fremdbewertung durch die Mitschüler und einer Bewertung durch den Lehrer. Die Gewichtung könnte z.B. aus 25 % Eigen-, 25 % Fremd- und 50 % Lehreranteil bestehen. Es sei hier ausdrücklich erwähnt, dass die Bewertung nicht gleichzusetzen ist mit der Benotung. Die Notenvergabe geschieht letztendlich über die Lehrperson, jedoch fließen die Bewertungen in die Note mit ein.

---

[14] Bohl 2004: 10-13

Die Bewertung könnte über einen Fragebogen erfolgen. Dieser Fragebogen sollte auch Fragen beinhalten, die den Lernzuwachs, also den Prozess beleuchten. Ein Fragebogen und eine vorgegebene Gewichtung der Bewertungsanteile sind nachvollziehbar für die Schülerinnen und Schüler. Somit ist die Entstehung der Gesamtnote am Ende für jeden einzelnen Lernenden transparent.

In Abschnitt 4.5 wird ein Entwurf für einen Bewertungsfragebogen nach einer Gruppenarbeitsphase vorgestellt.

3. Selbstständiges Lernen fördern

Selbstständigkeit stellt ein wesentliches Erziehungsziel dar (§2 (4) 1 SchG). Der Begriff der Selbstständigkeit ist jedoch sehr weit gefasst und beinhaltet viele Facetten. Selbstständigkeit umfasst z.b. Mündigkeit, Kritik-, Selbstbestimmungs- und Mitbestimmungsfähigkeit, um nur einige zu nennen. Selbstständiges Handeln ist unverzichtbar in außerschulischen privaten oder beruflichen Situationen. Insbesondere in beruflichen Zusammenhängen ist selbstständiges Arbeiten und Handeln sehr wichtig und wird auch von den Arbeitgebern immer häufiger vorausgesetzt. Umso bedeutender wird die Forderung an das Berufskolleg die Selbstständigkeit (Handlungskompetenz laut APO-BK §1 (1)) bei den Lernenden zu fördern.

Es würde jedoch den Umfang dieser Arbeit sprengen auf alle Details der Selbstständigkeit hier einzugehen. Innerschulisch als auch auf das gesamte Leben bezogen stellt sich die Kompetenz des selbstständigen Lernens als essentiell heraus. Deshalb beschränkt sich die vorliegende Arbeit auf diesen Aspekt. Allgemeine Aspekte des selbstständigen Handelns, wie sie zum Teil oben erwähnt wurden, schwingen dabei mit.

Es stellt sich nun die Frage: Wie kann man selbstständiges Lernen lernen? Sicherlich nicht in einer geschlossenen Unterrichtsform, in der sich die Lernenden nur rezeptiv verhalten. Es bietet sich vielmehr ein offener Unterricht an, der den Schülerinnen und Schülern Freiräume für aktives, selbstständiges Arbeiten und Lernen ermöglicht. Es reicht allerdings nicht den Lernenden nur ein Umfeld zu schaffen, in dem sie selbstständig Lernen können. Schülerinnen und Schüler, die bereits über Strategien und Techniken verfügen selbstständig zu arbeiten, werden gut mit der offenen Unterrichtsform umgehen können. Die anderen jedoch könnten mit der neuen Situation überfordert sein. Deshalb müssen innerhalb dieses offenen Unterrichts auch Phasen integriert sein, in denen der Lehrende anleitet und instruiert. Diese frontalen Phasen dienen dazu insbesondere die schwächeren Schülerinnen und Schüler in Lerntechniken einzuführen. Gudjons[15] sagt, dass der Frontalunterricht unverzichtbar ist, jedoch nur als Instrument integriert in ein Gesamtkonzept schüleraktiven Unterrichts. Guter Unterricht beinhaltet immer unterschiedliche Sozialformen und Phasen der Fremd- und Selbststeuerung.

Bei Dubs[16] finden sich Maßnahmen zur Förderung selbstständigen Lernens. Einige bedeutsame Inhalte seien daraus hier hervorgehoben:

- Das Lernen des selbstständigen Lernens erfolgt im Rahmen der fachlichen Inhalte und nicht abgesondert in einem Fach Lerntechnik.

- Das Lernen darf nicht nur produktorientiert, sondern es muss auch prozessorientiert sein.

- Denk- und Lernprozesse werden regelmäßig reflektiert, damit metakognitives Wissen aufgebaut und die Selbststeuerung der Lernenden gefördert wird.

- Lernziele werden offen gelegt.

In den nun folgenden Abschnitten werden die bisher vorgestellten theoretischen Grundlagen verwendet, um offen gestaltete Unterrichtseinheiten im Fach Mathematik im Bildungsgang Sozialhelfer/-in vorzustellen.

4. Planung offenen Mathematikunterrichts im Bildungsgang Sozialhelfer/-in

Wie lässt sich nun das zuvor beschriebene Konzept in den Schulalltag im Bildungsgang Sozialhelfer/-in integrieren. Im Fach Mathematik werden die Inhalte aus dem Lehrplan der Sekundarstufe I behandelt. Angefangen von der Bruchrechnung über Dreisatz, Prozent- und Zinsrechnung bis zu linearen Gleichungen und linearen Funktionen. Aufgrund der 16 Wochen Praktikum innerhalb der zwei Schuljahre und zusätzlicher Seminare und Projekte stehen die Unterrichtsstunden maximal in 60 Unterrichtswochen zur Verfügung, so dass die Bearbeitung aller Inhalte aus dem Mathematiklehrplan der Sekundarstufe I, bei 2-3 Stunden pro Unterrichtswoche nicht zu erreichen ist. Die Erfahrung zeigt, dass man einige Inhalte, z.B. Rechnen mit Wurzeln, Logarithmen und Potenzen, quadratische Gleichungen und Funktionen und trigono-

---

[15] Gudjons 2003: 255-268
[16] Dubs 1995: 263-269

15

metrische Funktionen aus Zeitgründen oft nicht so behandeln werden können, wie das erforderlich wäre.

Möglicherweise bietet aber der offene Unterricht die Chance, die Lehrplanvorgaben zu erfüllen, zumindest für einen Teil der Schülerinnen und Schüler. Jede Schülerin und jeder Schüler lernt anders und in einem anderen Tempo. Es ist daher sinnvoll den Unterricht so zu gestalten, dass jeder in seinem Tempo lernen kann. Dabei ist zu berücksichtigen, dass die schnelleren Lerner nicht unterfordert und langsameren nicht überfordert werden. Ein breites und differenziertes Lernangebot könnte einen Weg darstellen allen gerecht zu werden.

Um die Schüler sukzessive an das selbstständige Lernen heranzuführen, ist es zweckmäßig die Abfolge der offenen Methoden nicht willkürlich zu wählen.

In Tabelle 2 ist eine Grobplanung für das 1. Schuljahr gezeigt, die einen möglichen Einstieg zum Beginn in die offene Unterrichtsform im Fach Mathematik darstellt.

4.1 Methodische Gestaltung des offenen Mathematikunterrichts

Es gibt unterschiedliche methodische Konzepte, die offenen Unterricht ermöglichen, aber nicht zwangsläufig ergeben.

Die verwendeten Kompetenzformulierungen in Tabelle 2 sind der Baderschen Kompetenzmatrix[17] entnommen. Diese ist so aufgebaut, dass die Handlungskompetenz sich aufgliedert in Fach-, Selbst- und Sozialkompetenz. Diese wiederum beinhalten jeweils die so genannten Schlüsselqualifikationen, wie Lern-, Methoden-, Kommunikations- und Problemlösekompetenz.

4.1.1 Mit *Stationenlernen* in den offenen Unterricht einführen

Das Stationenlernen eignet sich zum Einstieg, weil es den Lernenden noch die meisten Hilfestellungen bietet. Es ist eine klare Struktur der Vorgehensweise vorgegeben, an der sich die Schülerinnen und Schüler zunächst orientieren können.

Die Stationen sind so aufgebaut, dass an jeder Station differenzierte und offene Aufgaben eines Teilinhalts zu bearbeiten sind. Einzelne Stationen können sein:

- Heuristik,
- Bruchrechnung,
- Dreisatzrechnung,

---

[17] Bader 1996: 8

16

- Prozentrechnung,

- Zinsrechnung,

- Lineare Gleichungen.

Die Aufgaben beinhalten Hinweise zu Denk- oder Lerntechniken, die nötig sind um das Problem systematisch anzugehen und lösen zu können. Außerdem werden die Lernenden am Ende jeder Aufgabe aufgefordert ihren Problemlösungsweg zu beschreiben und schriftlich festzuhalten. Diese Fragen sind in Bezug auf den Zuwachs von Lernkompetenz und das selbstständige Lernen sehr wichtig.

Die Offenheit im Stationenlernen liegt in der Freiheit der Lernenden zunächst auswählen zu können mit welchem Schwierigkeitsgrad und mit welchen inhaltlichen Aufgaben sie beginnen bzw. fortfahren möchten. Überdies können die Schülerinnen und Schüler sich die Zeit selbst einteilen, die sie an einer Aufgabe oder Station aufwenden.

Nach dem Stationenlernen ist es sinnvoll mit der Wochenplanarbeit als weitere Öffnung des Unterrichts fort zufahren.

4.1.2 Ein weiterer Schritt zur Öffnung durch *Wochenplanarbeit*

Ist es sinnvoll mit zwei Wochenstunden Mathematik im 1. Halbjahr Wochenplanunterricht zu machen? Die Antwort lautet ja! Vorausgesetzt, man reduziert zunächst den Wochenplan auf einen Tagesplan. Bei der Tagesplanarbeit haben die Lernenden einige vertiefende Pflichtaufgaben zu den vorher behandelten Themen aus dem Stationenlernen zu erfüllen. Dabei sollen sie ihre Vorgehensweise selbstständig organisieren, d.h. sie überlegen sich, was sie für die Lösung der Aufgaben benötigen oder mit welchen Aufgaben sie anfangen wollen.

Darüber hinaus gibt es noch Wahlaufgaben, die noch zusätzlich bearbeitet und gelöst werden können.

4.1.3 Eigenverantwortliches Arbeiten innerhalb der *Freiarbeit*

Die Freiarbeit wird durch die Arbeitsmaterialien, die Themen und Inhalte und einen evtl. langfristigen Zeitplan eingeschränkt. Innerhalb dieses vorgegebenen Zeitraums müssen die Lernenden, die gestellten Aufgaben durcharbeiten. Die Zeiteinteilung sowie die Vorgehensweise werden in die Verantwortung der Schülerinnen und Schülern übertragen.

Es findet nicht wie bei dem Stationenlernen oder der Wochenplanarbeit nach jeder Doppelstunde eine gemeinsame Reflexionsphase statt. Die Schülerinnen und Schüler werden vielmehr dazu angehalten die Reflexion selbstständig durchzuführen. Erst zum Ende der Freiarbeitsphase ist eine gemeinsame Reflexion vorgesehen. Falls es jedoch von den Lernenden gewünscht wird, ist es möglich nach zwei Doppelstunden - also am Ende jeder Woche - die Ergebnisse und Fortschritte zu reflektieren.

Genau wie beim Stationenlernen oder der Wochenplanarbeit steht die Lehrperson den Schülerinnen und Schülern bei der Freiarbeit helfend und beratend zur Seite.

Zu Beginn des 2. Halbjahrs soll bei den Sozialhelferinnen mit der Freiarbeit begonnen werden. Inhaltlich werden dann Aufgaben und Anwendungen zu linearen Gleichungen vertieft.

4.1.4 Neue Inhalte innerhalb einer *Projektarbeit* selbstständig erschließen

Bei der Projektarbeit arbeiten Schülerinnen und Schüler in Gruppen (maximal vier in jeder Gruppe) an einem Thema aus dem Fach Mathematik, dass sie aus einem Angebot von mehreren Themen auswählen können. Die Themen haben Bezug zum Lernfeld in dem die Schülerinnen und Schüler sich zu dem Zeitpunkt befinden. Die Themenvorgaben sind vom Lehrenden dabei so gewählt, dass die zu erfüllenden Aufgaben an das bisher Gelernte anknüpfen. Zusätzlich fordern sie auch, dass neue Inhalte selbstständig gelernt werden.

Die Lernenden müssen sich also während der Projektarbeit neues Wissen selbstständig aneignen. Dazu haben sie sich selbst innerhalb der Gruppe zu organisieren. Zu Beginn der Projektphase erhalten die Schülerinnen und Schüler von der Lehrkraft Anregungen zu Lösungsstrategien, sowie Tipps zur Organisation und Vorgehensweise während der Projektarbeit.

Die Projektarbeit wird am Ende ausgewertet und evaluiert. Dabei haben die einzelnen Gruppen ihre Ergebnisse dem Plenum zu präsentieren.

Tabelle 2

Phase	Methode/ Sozialformen	Inhalt	Lernziel	Aneignungsvorgang	Zeit (Unt.St.)
1. Halbjahr Lernfeld „Kinder und Jugendliche"					
Einführung ins selbständige Lernen und das **Stationenlernen.**	Frontalunterricht Instruktion und Dialog.	Sinn und Zweck der Vorgehensweise transparent machen. Ziele offen legen.		Die SuS (Schülerinnen und Schüler) diskutieren mit der Lehrperson die Methode und stellen Fragen.	2
Erarbeitungsphase, die auch frontale Unterrichtsphasen beinhalten kann in Form von Kleingruppenunterricht oder Reflexionsphasen.	**Stationenlernen** Einzel-, Partner-, und Gruppenarbeit	Wiederholung der Grundlagen zur Bruch-, Prozent-, und Zinsrechnung, zum Dreisatz sowie einfache lineare Gleichungen. Einführende Aufgaben zur Heuristik.	Aufbau von Fachkompetenz insbesondere die Aspekte Problemlöse- und Lernkompetenz.	Nach jeder Doppelstunde findet eine Reflexionsphase statt. Diese kann mündlich oder schriftlich Diese Vorgehensweise dient zum Aufbau der metakognitiven Fähigkeiten.	8
Leistungsüberprüfung	Klassenarbeit				2
Evaluation	Einzelarbeit Einzelgespräch	Eigen und Fremdbewertung Benotung.	Aufbau von Selbstkompetenz (Aspekt Lernkompetenz)	Die SuS diskutieren mit der Lehrperson die Methode und stellen Fragen.	2
Einführung in die **Wochenplanarbeit.**	Frontalunterricht Instruktion und Dialog	Sinn und Zweck der **Wochenplanarbeit** transparent machen. Ziele offen legen.		Die SuS gehen mit der Lehrperson in einen Diskurs über die Methode und stellen Fragen.	2
Erarbeitung und Reflexion.	**Wochenplanarbeit** Einzel-, Partner-, und Gruppenarbeit	Vertiefung der zuvor behandelten Themen. Die Lernenden wählen aus einem breiten Angebot die Aufgaben und Inhalte selber aus.	Aufbau von Fachkompetenz insbesondere die Aspekte Problemlöse- und Lernkompetenz.	Die Lernenden definieren sich ihre Tages- bzw. Wochenziele selbst. Dann erarbeiten sie sich die Inhalte je nachdem alleine oder innerhalb einer Gruppe. Am Ende reflektieren sie, ob sie ihre Ziele erreicht haben. Falls nicht, warum?	8
Leistungsüberprüfung	Klassenarbeit				2
Evaluation	Einzelarbeit Einzelgespräch	Eigen und Fremdbewertung Benotung.	Aufbau von Selbstkompetenz (Aspekt Lernkompetenz).	Die Lernenden bewerten ihre Leistung während der **Wochenplanarbeit**. Zusätzlich bewerten sie die Methode und die Lehrperson.	2

Vierwöchiges Praktikum im Lernfeld Kinder und Jugendliche

Phase	Methode/ Sozialformen	Inhalt	Lernziel	Aneignungsvorgang	Zeit (Unt.St.)
		2. Halbjahr Lernfeld „Alter Mensch"			
Einführung in die **Freiarbeit** und Themenauswahl.	Frontalunterricht Dialog	Den Lernenden werden einführend der Sinn und das Ziel der Freiarbeit transparent gemacht. Überdies erhalten die Lernenden ein breites Angebot an Themen und Aufgaben.		Die SuS diskutieren mit der Lehrperson die Methode und stellen Fragen.	2
Erarbeitung	**Freiarbeit** Einzel-, Partner- oder Gruppenarbeit	Die Inhalte der Freiarbeit erstrecken sich von den zuvor behandelten Themen über lineare bis hinzu quadratischen Gleichungen.	Fachkompetenz, insbesondere die Aspekte Selbst- und Sozialkompetenz.	Die SuS legen ihre Ziele und ihre Vorgehensweise selbst fest.	8
Leistungsüberprüfung	Klassenarbeit				2
Evaluation	Einzelarbeit Einzelgespräch	Eigen und Fremdbewertung Benotung	Aufbau von Selbstkompetenz (Aspekt Lernkompetenz).	Die Lernenden bewerten ihre und die Leistung ihrer Mitschüler während der **Freiarbeit**. Zusätzlich bewerten sie die Methode und die Lehrperson.	2
Einführung in die **Projektarbeit** und Themenauswahl.	Frontalunterricht Dialog	Die Lernenden können sich ein Thema, aus einem breiten Angebot aussuchen.		Die SuS diskutieren mit der Lehrperson die Methode und stellen Fragen.	2
Erarbeitung	**Projektarbeit** Gruppenarbeit	Inhaltlich werden übergreifende Themen zu linearen und quadratischen Funktionen bis hinzu trigonometrischen Funktionen angeboten.	Fachkompetenz insbesondere der Aspekt Sozialkompetenz.	Die SuS erarbeiten sich selbstständig in Teams neue Inhalte. Dabei unterstützen sie sich gegenseitig innerhalb ihrer Gruppen.	8
Präsentation	Gruppenpräsentation anschließende Plenumsdiskussion	Gruppenunterricht	Fachkompetenz insbesondere die Aspekte Kommunikations- und Medienkompetenz.	Die Lernenden stellen ihre Ergebnisse den anderen Gruppen vor und gehen im Anschluss daran in eine Diskussion über.	2
Leistungsüberprüfung	Klassenarbeit				2
Evaluation	Einzelarbeit Einzelgespräch	Eigen und Fremdbewertung Benotung	Aufbau von Selbstkompetenz (Aspekt Lernkompetenz).	Die Lernenden bewerten ihre und die Leistung ihrer Mitschüler während der **Freiarbeit**. Zusätzlich bewerten sie die Methode und die Lehrperson.	2

Sechswöchiges Praktikum in einer Altenpflegeeinrichtung

4.1.5 Frontalunterricht im offenen Unterricht – ist das ein Widerspruch?

Die lehrerzentrierten Phasen im offenen Unterricht sind unverzichtbar[18]. Der Lehrende hat zu Beginn eines neuen Unterrichtsvorhabens die Aufgabe, ausführlich den Schülerinnen und Schülern die Lernziele und den Sinn der verwendeten Methode transparent zu machen. Überdies ist es notwendig, falls es zu übergreifenden Problemen oder Stockungen im Lernprozess kommt, gemeinsam im Plenum die Probleme zu erörtern. Falls jedoch nur eine Gruppe von Lernenden nicht weiterkommt, sollte der Lernprozess der anderen Schülerinnen und Schüler nicht gestört oder unterbrochen werden. Dann würde sich der Lehrende nur mit der kleinen Gruppe beschäftigen.

Verzögerungen entstehen z.B., wenn die Lernenden die Aufgaben nicht bewältigen können. Als Folge sind disziplinarische Probleme zu erwarten. Der Lehrende muss daher sehr wachsam beobachten, um frühzeitig Probleme zu erkennen, und helfend und beratend zu intervenieren.

4.2 Beispiele offener Mathematikaufgaben

Die Anforderungen, die offene Aufgaben erfüllen sollten, sind in Abschnitt 2.1.3 vorgestellt worden. Es hätte den Rahmen dieser Arbeit gesprengt, alle Unterrichtsvorhaben im ersten Ausbildungsjahr mit Themen und Aufgaben zu füllen und diese hier vorzustellen. Nichtsdestotrotz werden im Folgenden einige Beispiele offener Mathematikaufgaben dargestellt, die sich für die oben beschriebenen Unterrichtsmethoden eignen. Dabei sind die Aufgaben 1, 2 und 5 aus einem Mathematikschulbuch[19] entnommen und durch weglassen und Variation von Informationen offener gestaltet worden.

1. Offene Situation

In der Fahrschule lernt man: Die Blutalkoholkonzentration (BAK) ist abhängig vom Körpergewicht, von der Alkoholmenge, vom Geschlecht und dem Körperbau (Anteil an Fettgewebe).

- *Entwickeln Sie hierzu zunächst Fragen, die für Sie von Interesse sind.*

- *Suchen Sie sich einen Partner und tauschen Sie Ihre Fragen untereinander aus.*

---

[18] Gudjons 2003: 255-265
[19] Heptner 2002: 217-219

> - Einigen Sie sich auf zwei Fragen, die Sie sich im Weiteren beantworten wollen.

Eine offene Situation eignet sich z.B. als Thema für ein mehrstündiges Projekt. Hier besteht die Aufgabe der Lernenden zunächst einmal darin, interessante Fragen zu entwickeln. Inwieweit man die Aufgabe vorstrukturiert, um den Schülerinnen und Schülern eine Denkgerüst anzubieten, hängt von deren Kompetenzen ab.

2. Problemumkehr

In einem Kindergarten soll ein rechteckiger Sandkasten gebaut werden. Dafür steht eine dreieckige Fläche zur Verfügung (s. Zeichnung).

- *Wie legen Sie den Sandkasten an, so dass die Fläche maximal wird?*

- *Welche Fläche besitzt nun der Sandkasten?*

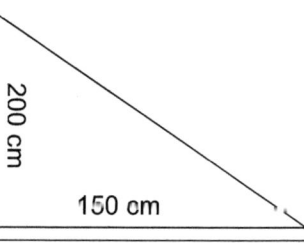

Die Aufgabe lässt viele Lösungswege zu und besitzt daher einen selbstdifferenzierenden Charakter. Jeder Lernende wird mit seinen Möglichkeiten die Aufgabe lösen können. Einige werden die Aufgabe z.B. zeichnerisch lösen, andere wiederum rechnerisch.

3. Problemaufgabe

Eine Großmutter möchte für ihr Enkelkind 5000,-€ gewinnbringend anlegen. Sie sollen ihr dabei helfen.

Wie gehen Sie zunächst vor?

Was für einen Gewinn haben Sie mit Ihrer Anlage nach 5 Jahren?

Ein Teil der Offenheit dieser Aufgabe besteht darin, dass die Lernenden sich Angebote verschiedener Banken oder Finanzberater einholen und vergleichen sollen. Hierbei stehen ihnen das Internet sowie Prospekte, die sie sich selbst aus den Banken eingeholt haben zur Verfügung. Diese Aufgabe eignet sich vom inhaltlichen und zeitlichen Umfang für die Wochenplanarbeit.

4. Anwendungssuche

Entwerfen Sie aus drei Artikeln einer Tageszeitung oder Zeitschrift Aufgaben zur Prozentrechnung aus den Themenbereichen Ernährung und Gesundheit.

Die Lernenden müssen bei dieser Aufgabe kreativ werden. Die Eingrenzung auf die Themenbereiche Ernährung und Gesundheit verläuft einer Öffnung zwar entgegen, jedoch lässt sie fächerübergreifendes Lernen zu.

5. Begründungsaufgabe:

Das Diagramm zeigt die durchschnittliche Gewichtszunahme eines Säuglings im ersten Vierteljahr.
Wie groß ist die durchschnittliche Gewichtszunahme pro Tag?
Begründen Sie warum.

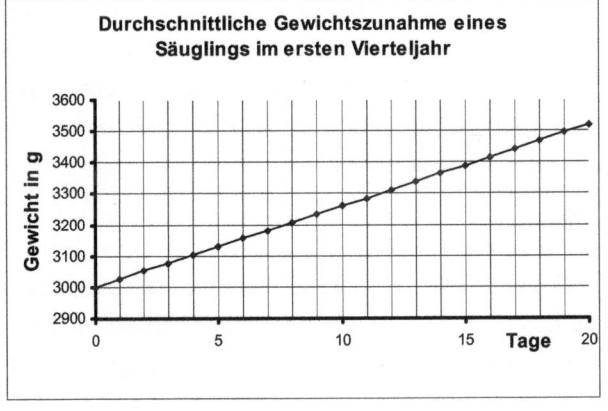

Die Aufgabenstellung und das Diagramm sind vorgegeben. Die Lernenden werden die Gewichtszunahme ohne Probleme im Diagramm abschätzen können. Die Begründung ihrer Antwort jedoch ist offen gelassen.

4.3 Aufbau von metakognitiven Fähigkeiten

Die in Abschnitt 2.1.5 beschriebenen theoretischen Grundlagen und Methoden zur Förderung der Metakognition bei den Schülerinnen und Schülern sollen nun in den offenen Mathematikunterricht sinnvoll integriert werden. Die Lehrperson sollte es von der Unterrichtssituation abhängig machen, welche Methode sie zur Reflexion der Denk- und Lernprozesse verwendet. Bei schwächeren Lernenden ist z.B. das Modellieren (lautes Denken) eher angebracht. Eine Reflexionsphase kann aber auch mündlich gemeinsam mit der ganzen Klasse durchgeführt werden. Lernende mit fortgeschritteneren metakognitven Fähigkeiten können ihre Lernprozesse auch selbstständig schriftlich reflektieren. Hierzu eignet sich gegebenenfalls ein Lerntagebuch (Portfolio), in dem die Schülerinnen und Schüler ihren Lernprozess dokumentieren. Dieses Lerntagebuch könnte dann am Ende eines Unterrichtsvorhabens als Grundlage für die Bewertung der Eigenleistung dienen.

4.3.1 Einige Beispiele für Reflexionsfragen

Die Schülerinnen und Schüler werden zunächst erhebliche Probleme damit haben ihr eigenes Lernen zu betrachten und zu beurteilen. So eine Perspektive ist für die meisten neu. Darum ist es zweckmäßig den Lernenden zu Beginn einige Fragen anzubieten, die sie sich beantworten sollen. Diese Vorgehensweise entspricht dem Modellieren. Die Lehrperson stellt dabei der Klasse vor, wie sie in einer Reflexionsphase vorgehen würde. Das könnte so aussehen, dass die Lehrperson einige Fragen an die Tafel schreibt (s. Tabelle 2). Dabei wird den Schülerinnen und Schülern deutlich, welche Fragen bedeutsam sein können in einer Reflexionsphase. Sie verfügen darüber hinaus über ein erstes Denkgerüst, dass sie in Reflexionsphasen selbstständig verwenden können.

Die in Tabelle 2 gezeigten Fragen können natürlich beliebig ergänzt werden. Wenn die Schülerinnen und Schüler die Reflexion ihrer Denk- und Lernprozesse schriftlich abgeschlossen haben, ist es sinnvoll diese Dokumentationen ins Lerntagebuch zu heften. Der Lernende hat so jederzeit die Möglichkeit der Lehrperson seinen Lernstand darzulegen.

Tabelle 3

Reflexionsfragen
1.) Wie bin ich vorgegangen, um die Aufgabe zu lösen?
2.) Welche Schwierigkeiten habe ich bei der Bearbeitung der Aufgabe gehabt?
3.) Wie habe ich diese Schwierigkeiten überwunden?
4.) Gibt es noch andere Lösungswege, als den meinen?
5.) Was war das Ziel der Aufgabe?
6.) Ergibt das Ergebnis einen Sinn?
7.) Gibt es in meiner Lebenswelt Situationen, die der aus der Aufgabe ähnlich sind?

4.4 Der Lehrer als Berater

Die Beraterrolle der Lehrperson während des offenen Unterrichts ist sehr bedeutsam. Für einige Schülerinnen und Schüler ist das Fach Mathematik mit Negativerlebnissen verbunden. Diesen Lernenden muss erstmal die Ablehnung oder Angst genommen werden. Hierzu sind Einzelgespräche nützlich, die zusätzlich noch das Ziel haben das Selbstbewusstsein sowie die metakognitiven Fähigkeiten zu stärken. In den Gesprächen sind die Fähigkeiten und Stärken der Einzelnen heraus zu arbeiten, um diese dann sinnvoll in die Einzel-, Partner-, oder Gruppenarbeit einzubringen. Außerdem muss gewährleistet sein, dass sich früh Erfolgserlebnisse einstellen können, um neue Blockaden zu vermeiden.

Aber auch die anderen Schülerinnen und Schüler werden an Frustrationsgrenzen gelangen.

4.5 Evaluation – Leistungen einschätzen lernen

Selbstständigkeit heißt u. a. auch, dass die Lernenden ihre eigene Leistung kritisch einschätzen und bewerten können. Außerdem gehört eine kritische Beleuchtung der Unterrichtsmethoden und der Lehrkraft dazu.

Tabelle 4

Evaluationsfragen
1.) Was hat Ihnen gut gefallen im offenen Unterricht?
2.) Was hat Ihnen nicht gut gefallen im offenen Unterricht?
3.) Was wünschen Sie sich in Zukunft von der Lehrperson?
4.) Was würden Sie in Zukunft anders oder besser machen?
5.) Was wünschen Sie sich in Zukunft von Ihren Mitschülerinnen und Schülern?
6.) Welche Mitschülerinnen und Mitschüler haben sich Ihrer Meinung am besten in die Gruppenarbeit eingebracht?
7.) Wie schätzen Sie Ihre eigene Leistung ein?
8.) Was meinen Sie, wie Ihre Mitschülerinnen und Mitschüler Ihre Leistung einschätzen?
9.) Wie meinen Sie, schätzt die Lehrperson Ihre Leistung ein?
10.) Wo sehen sie noch Lernbedarf für sich?

11.) Können Sie jetzt besser selbstständig Arbeiten und Lernen als vorher?

12.) Inwiefern ist das was sie hier gelernt haben wichtig für ihr Privat- oder Berufsleben?

13.) Können Sie jetzt besser Probleme lösen als vorher?

Eine Evaluation am Ende eines Unterrichtsvorhabens im offenen Unterricht ist wahrscheinlich die sinnvollste Methode die Schülerinnen und Schüler in die Bewertung mit einzubeziehen. In Tabelle 4 sind Fragen zu sehen, die ein Evaluationsbogen beinhalten könnte. Diese Evaluationsfragen dienen der Bewertung des Unterrichts 1.) – 4.), der Leistung der Mitschülerinnen und Mitschüler (Fremdbewertung) 5.) – 6.) und der eigenen Leistung (Eigenbewertung) 7.) – 10.). Die Eigenbewertung ist insofern wichtig, dass die Schülerinnen und Schüler lernen ihr eigenes Handeln im Unterricht kritisch zu reflektieren. Durch die Fremdbewertung bekommen die Lernenden ihre Leistung nicht nur aus der Sicht der Lehrkraft gespiegelt, sondern auch aus der Perspektive der Mitschülerinnen und Mitschüler. Die Fragen 11.) – 13.) zielen auf Kompetenzanbahnungen (Lern-, Fach- und Problemlösekompetenz) ab.

Es werden zur Beantwortung der Fragen bewusst keine Bewertungsskalen angeboten. Zum einen besitzt eine Skala z.B. von 1 bis 5 oder von „sehr gut" bis „schlecht" immer einen Benotungscharakter. Dies soll bewusst vermieden werden, da die Lernenden sich und die anderen nicht benoten sondern bewerten sollen. Die abschließende Note wird am Ende vom Lehrer vergeben werden, die aber in Bruchteilen zusammengesetzt ist aus der Eigen- und Fremdbewertung der Schülerinnen und Schüler. Eine mögliche Gewichtung der einzelnen Bewertungen wurde in Abschnitt 2.5 vorgeschlagen.

5. Probleme und Grenzen des offenen Mathematikunterrichts

Der offene Unterricht stellt sehr hohe Anforderungen an die Lehrenden und Lernenden. Die Erfahrung zeigt, dass die meisten Schülerinnen und Schüler, die an ein Berufskolleg kommen, offene Unterrichtsformen häufig auf den Zubringerschulen nicht kennen gelernt haben. Zu selbstständigem Arbeiten sind die meisten nicht fähig, jedenfalls nicht über einen längern Zeitraum und auch nicht wenn es um die Erarbeitung neuer Inhalte geht. Die Jugendlichen erwarten, dass die Lehrkraft ihnen die Sachverhalte erklärt. Diese Grundeinstellung bei den Lernenden zu verändern, stellt zunächst die größte Schwierigkeit und Herausforderung dar. Vielleicht ist es auch auf

Grund der kurzen Zeit, die man gemeinsam zur Verfügung hat, auch gar nicht möglich. Wenn man bei den Schülerinnen und Schülern jedoch wenigstens eine Kompetenzanbahnung erreicht, wäre das bereits ein Erfolg.

Die offenen Unterrichtsmethoden könnten zu Beginn für die Schülerinnen und Schüler reizvoll und interessant sein. Jedoch ist zu erwarten, dass sich bei einigen Schülerinnen und Schülern Langeweile einstellt, wenn sie einige Aufgaben gelöst haben und meinen die Inhalte zu beherrschen. Hier muss die Lehrperson durch eine vielfältige methodische und inhaltliche Gestaltung des Unterrichts dazu beitragen, dass für die Lernenden immer wieder neue Anreize geschaffen werden.

In diesem Zusammenhang ist die Frage berechtigt, ob die ganze Arbeit, die in der Vorbereitung und Nachbereitung des offenen Unterrichts liegt für eine Lehrperson überhaupt leistbar ist? Für eine einzelne Lehrperson wahrscheinlich nicht aber für ein Bildungsgangteam oder für den Gesamtbereich Sozial- und Gesundheitswesen schon eher. Fächerübergreifender Unterricht, ist ein wichtiger Aspekt des offenen Unterrichts, daher ergibt es sich zwangsläufig, dass alle Lehrer mit eingebunden werden in die Ausgestaltung des Unterrichts. Nur Lehrerinnen und Lehrer, die jahrzehntelang lehrerzentrierten Unterricht praktiziert haben, werden schwer von der Wirksamkeit des offenen Unterrichts überzeugt werden können. Überdies wird es ihnen – genauso wie den Schülerinnen und Schülern - schwer fallen, sich in dieser völlig neuen Lernumgebung zurechtzufinden.

6. Fazit und Ausblick

Es sei an dieser Stelle nochmals erwähnt, dass es sich bei dieser Arbeit um ein Rahmenkonzept handelt, das im Einzelnen noch mit interessanten Aufgaben und Themen ausgefüllt werden muss, um im Bildungsgang Sozialhelfer/-in umgesetzt werden zu können. Viele Aspekte, die in diesem Zusammenhang wichtig erschienen sind angesprochen und herausgearbeitet worden.

Zum einen wurde aufgezeigt, dass metakognitive Fähigkeiten zur Reflexion des eigenen Lernprozesses zentraler Bestandteil des selbstständigen Lernens sind. Dazu gehören auch die Bewertung der eigenen Leistung sowie die Bewertung des gesamten Lernarrangements. Methodische und räumliche Gestaltung des Lernumfelds spielen eine wichtige Rolle, wenn man Selbstständigkeit im Lernen aufbauen und fördern möchte. Hier müssen Freiräume für den Lernenden geschaffen werden, die es in einem geschlossenen Unterricht nicht gibt. Außerdem ist die Rolle des Lehrers in einer offenen Lernumgebung eine andere als in einem geschlossenen Unterricht. Es gibt auch im offenen Unterricht lehrerzentrierte Phasen in Form eines Frontalunterrichts. Jedoch ist die Lehrperson während der selbstständigen Arbeitsphasen überwiegend als Berater, Helfer und Moderator tätig. Inhaltlich kann man durch offene Mathematikaufgaben die Lernenden vor Probleme stellen, die unterschiedliche Lernvoraussetzungen und Lerneingangskanäle berücksichtigen. Außerdem ermöglichen offene Aufgabenstellungen auch Binnendifferenzierung.

Somit kann zusammenfassend festgestellt werden, dass offener Mathematikunterricht viele Möglichkeiten und Chancen für das selbstständige Lernen bietet. Die Umsetzung in die Praxis kann jedoch kritisch betrachtet werden. Zum einen müssen von der Schule für die Gestaltung einer offenen Lernumgebung Ressourcen in Form von Arbeitsmaterialien, Medien und Räumlichkeiten zur Verfügung gestellt werden. Zum anderen erfordert die Organisation sehr viel Aufwand. Von daher ist es zweckmäßig gemeinsam mit Kollegen im Bildungsgang an der Organisation, Durchführung und Entwicklung zu arbeiten.

Auch wenn einige Stimmen nach der „Paukschule"[20] nach PISA wieder lauter geworden sind, kann darin nicht die Lösung liegen. Ganz im Gegenteil, es scheint eher so zu sein, dass es in Deutschland noch zu viele „Paukschulen" gibt. Bisher trifft man offene Unterrichtsformen wie Freiarbeit und Wochenplanarbeit eher im Grundschulbereich an. In der Sekundarstufe I und II finden sich offene Unterrichtsformen sehr selten. Das offenbart sich auch darin, dass kaum empirische Studien[21] darüber existieren, ob und wie wirksam offener Unterricht ist. Die empirischen Studien die existieren, können keine endgültigen Aussagen treffen. Daher ist es sinnvoll eigene Erfahrungen mit offenem Unterricht zu sammeln. Nur so lässt sich beurteilen, ob diese Unterrichtsform für die Schülerinnen und Schüler im Bildungsgang Sozialhelfer/-in geeignet ist.

---

[20] Gudjons 2004: 7
[21] Meyer 2004: 9

Anhang

Raumgestaltungsplan für Raum

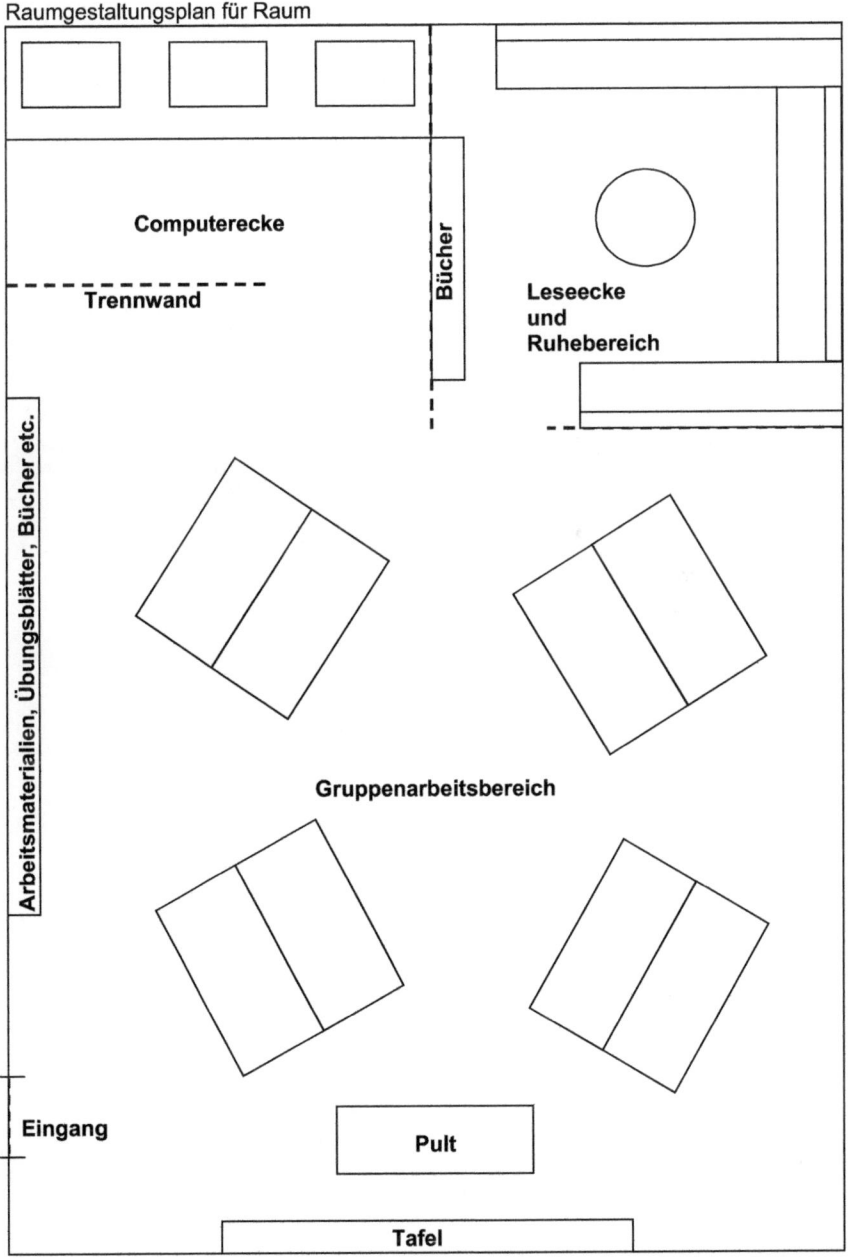

Literatur

BADEL, STEFFI. 2005. *Leistungsstände Berliner Schulabgänger – fit für eine berufliche Ausbildung?*. Die berufsbildende Schule (BbSch) 57: 225-229

BADER, REINHARD et al. 1996 , *Leitziel der Berufsbildung: Handlungskompetenz.* KMK Handreichungen: 8.

BASTIAN, JOHANNES. 1995. *Offener Unterricht.* Pädagogik H. 12: 6-11

BOHL, THORSTEN. 2004. *Prüfen und Bewerten im Offenen Unterricht. Bestandsaufnahme, Rahmenkonzeption und praktische Hinweise.* Pädagogik 56(12): 10-13

BÜCHTER, ANDREAS. 2005. *Mathematikaufgaben selbst entwickeln. Lernen fördern – Leistung überprüfen.* Verlag Cornelsen Scriptor

DUBS, ROLF. 1995. *Lehrerverhalten.* Zürich: Verlag des Schweizerischen Kaufmännischen Verbandes

GUDJONS, HERBERT. 2003. *Selbstgesteuertes Lernen der Schüler: Fahren ohne Führerschein? Zur Einführung in den Themenschwerpunkt.* Pädagogik 55(5): 6-9

GUDJONS, HERBERT. 2003. *Frontalunterricht – neu entdeckt. Integration in offene Unterrichtsformen.* Verlag Julius Klinkhardt

GUDJONS, HERBERT. 2004. *Was ist eigentlich offen am offenen Unterricht? Zur Einführung in den Themenschwerpunkt.* Pädagogik 56(12): 6-9

HEPTNER, ANNA MARIA et al. 2002. *Algebra für Berufsfachschulen. Ernährung und Hauswirtschaft. Sozialpflege/Pflegevorschule.* Bildungsverlag E1NS

KLAFKI, WOLFGANG. 1996. *Neue Studien zur Bildungstheorie und Didaktik: Zeitgemäße Allgemeinbildung und kritisch-konstruktive Didaktik.* Beltz Verlag

LEUDERS, TIMO. 2005. *Mathematik Didaktik. Praxishandbuch für die Sekundarstufe I und II.* Verlag Cornelsen Scriptor

LEUDERS, TIMO. 2001. *Qualität im Mathematikunterricht der Sekundarstufe I und II.* Verlag Cornelsen Scriptor

MEYER, HILBERT. 2005. *Unterrichts-Methoden. II. Praxisband.* Verlag Cornelsen Scriptor

MEYER, HILBERT. 2004. *Was ist guter Unterricht?* Verlag Cornelsen Scriptor.

WICHMANN, JÜRGEN. 2002. *Zwölf Unterrichtsmethoden. Vielfalt für die Praxis.* Verlag Pädagogik Beltz